开课了！
博物馆

国宝里的
数学课

安迪斯晨风　瑶华　著

山东电子音像出版社
·济南·

「开课了！博物馆」

序言

孩子渐渐长大，做家长的往往会有一种无力感。

前年春天，上小学的女儿突然吵着要去博物馆。原来，她玩的一款游戏里面有一只猫头鹰开了家博物馆，展品琳琅满目，令她十分向往。

然而，当我真的带她走进中国国家博物馆参观时，发现小小的她有点儿"叶公好龙"。一开始她还挺兴奋的，结果走到"古代中国"展区的"春秋战国时期"，连秦始皇的脸都没见着，她就开始不耐烦了，一会儿说"我好累"，一会儿又想吃冰激凌，无奈，我只好和她一起悻悻而归。

回家之后我便开始反思，女儿明明很喜欢博物馆的氛围，又很有求知欲，那为什么看展的时候，很快就对一件件在我眼里瑰丽万端的国宝失去了兴趣呢？

很快，我就想明白了，对于一个才上小学的孩子来说，那些珍贵的文物太"冷"了，也太"静"了。

当看到"后母戊鼎"时，我会联想到三千年前古人科技制造中的智慧，想

王的故事，和祭祀的关系，还会联想到"三足鼎立""大名鼎原"等很多成语……

说，在稍微有些相关阅历的人眼中，文物是会说话的，它们把历史、科学、艺术等各个领域的知识连起来，荡漾出一圈又一圈文化凝成的"光但是对我女儿来说，她看到的只是一座带着青绿色锈迹的长方体，甚至还有能觉得"不就是一堆破铜烂铁，古人也没什么了不起"……

随后，一个想法突然闪现——如果能拥有一本从博物馆出发、跨学科深度挖掘文物奥秘的儿童通识读本，孩子们参观博物馆时就不会觉得枯燥乏味了，还能拓宽他们的视野，让他们感受到通过文物进行跨学科学习的快乐。文物，不仅仅是"历史上遗留下来的物品"，它们是活生生的，我们应该还原它们的本来面貌，讲出和它们有关的那些故事和知识，讲出它们对于我们的当下和未来的价值和意义。比如说，东晋时期的文物"鹦鹉螺杯"，它的螺旋线中便藏着现代数学中的"黄金分割"原理；再比如青铜器"云纹铜禁"的制作技术——"失蜡法"，在今天的航空航天制造领域中仍然有所运用；还有东汉说唱俑绝妙的"说唱表演"，从炖肉大锅变成礼器的青铜鼎……至今仍然深刻地影响着我们现代人的生活。

于是，我决定自己编写一套，想试着将自己看到的文物背后的璀璨世界呈现给孩子们。我想，这些知识最好还能和当下的小学课程体系结合起来，这样就能更容易地帮助孩子们把散落在不同时空的知识填到他们的知识框架里。有了知识框架，孩子们以后再往里面填东西，就容易得多了。

我找到擅长写作科学普及文章、同时还是一位母亲的作者瑶华聊我的想法。她听后非常兴奋，跃跃欲试。

然而等我们真的上手搜集资料时，才发现这个选题很不好写。因为文物涉及的知识太多了，想要通俗易懂地讲清楚它们的来龙去脉，以及涉及的知识点，需要很大的篇幅，但我们这套书又是针对孩子的，他们真的能毫无滞涩地读完吗？

我做了一个小实验，把其中几章讲给女儿听。一开始，她是拒绝的，因为初稿确实写得比较晦涩难读，只顾往里面加知识"佐料"，却忽略了入口的"味道"。后来，我和瑶华老师就在编辑的策划建议和帮助下，对整套书的框架体系和每一篇文章的内容细节进行了删减和修订，在保留知识脉络的同时，把大块的文字改成一个个小块，能用插图直观呈现的知识点，尽量使用插图。等到最后成书的时候，已经不知道修改了多少遍。

当然，我们也不会只顾通俗性，而忽略了其中的知识严谨性。我们专门邀请了历史专家于赓哲老师审读，保证历史知识的专业无误；数学、科学等方面的知识更是经过相关专业的老师以及出版社编辑们的多轮审定和修改。

这套书从筹备、落笔到后期编辑，历经 3 年终于完成。我希望每一个孩子读完这套书之后，再去参观博物馆时，能够深切地感受到文物所散发的魅力！

安迪斯晨风

目录

伊尚戈骨头

比利时·比利时皇家自然科学研究所

　　在学数学之前，我们首先学会的就是数数，学会将数字和物体联系起来，比如 1 个苹果、3 支画笔，这种就叫作"计数"。

　　人类在多少年前就掌握这项技能了呢？8000 年？10000 年？出土文物显示，至少在 2 万年前，人类就已经能够用刻画线条的办法记录数字了！

　　1950 年，比利时地质学家布劳克在刚果一个叫伊尚戈的地方发现了一根特殊的骨头。这是一根深褐色的狒狒的腓骨，骨头上有 3 组清晰可见的刻痕，每组刻痕的总数分别为 60、48、60。

通过复原伊尚戈骨头上的 3 组刻痕数量，学者们做出了不同的猜测。

有人认为它的作用可能是记录部落里人口的数量，或者是记录拥有的物品的数量，或者是记录出现满月的天数。

也有人认为它是一种计算工具，但运算法则究竟是怎样的目前还不清楚。

还有人试图找到各组数字的内在规律，比如，有人认为第一排刻痕都是质数，说明原始人类已经能够记录质数。但这一推测比较缺乏依据，当时的人类应该还不知道什么是整除和质数，所以仅仅是一种巧合。

质数	大于 1 的整数，除了它本身和 1 以外，不能被其他正整数所整除的数。

伊尚戈骨头

非洲伊尚戈发现的骨器，距今已经大约 2 万年了。骨头上面刻有 3 排线痕，被认为表明了早期人类的数学能力，代表符号数学迈出了第一步。

来自数学的第一缕曙光

伊尚戈骨头的发现，说明当时的人们不仅已经开始探索用符号记录和表示数字，还开始尝试着用抽象的数字去对应物体的具体数量，这是人类数学史上的第一缕曙光。

数字表达符号的发展

原始人类最早会用不同的符号标记自己找到的每一种猎物，比如，抓到一条红色的鱼，用红石头划一道；抓到一条白色的鱼，用白石头划一个圈。

后来他们发现，不管是白色的鱼还是红色的鱼，只要划 2 道，就可以表示抓到了 2 条鱼。就这样，人类开始有意识地学习用数字表达物体的数量。

结合伊尚戈骨头上的刻痕，我们也能知道，在相当长的一段时间里，人们记录数字只能用和它一样多的符号去表示，比如在骨头或者石头上划 10 道，抑或是在绳子上打 10 个结，以表示 10 个人、10 棵树等。

古代牧羊人在计算羊的数量时，每点一只羊就捡一块石子，最后计算石子总数就得到了羊的总数。

小明上学第一天，老师教他写字："1是划1道，2是划2道，3是划3道……"小明觉得自己都学会了，回家跟爸爸说自己不用上学了。爸爸让他写个"万"字，他写了一上午，才划了500道，离10000道还远着呢！小明写不下去了。他爸爸出主意说："要不拿扫帚去写，一下就能写出几百道！"

这个方法对于较少数量的记录是可行的，但如果需要记录或是运算更多的数字，可就显得太吃力了。有什么改进办法呢？

假如你是一个生活在一万年前的原始人……

01

你的好朋友到你住的山洞里做客，给你带了5只兔子。为了表达感谢，你给朋友抓了5条鱼。你想把这件事刻在陶器上作为留念。

02

你发现，兔子和鱼的数量都等于你一只手的手指的数量，你可以刻一只手的形状来表示"5"，旁边再刻一只兔子或者一条鱼来表示，这样就不用重复刻数，还更清晰。

03

再进一步，你发明出了表达 2 只手的手指数量的符号，给它取名为"10"。

04

这天，你的部落采摘了很多果子。你负责计数，果子的数量为"7 个 10 加上 2 个 1"。你再也不用去划几十道了！

就这样，你成了原始部落的数学大师。

从数字到数位

苏美尔人

　　生活在公元前 3000 年左右的苏美尔人和"你"想得一样。他们用标着不同记号的泥球来计算羊的数量，10 只羊用一个记号表示，单只羊用另一个记号表示。这样，32 只羊就可以表示为：3 个"10 只羊的记号球"加上 2 个"单只羊的记号球"。

南美洲的印加人

印加人曾长期采用结绳记数法。研究发现，他们使用的已经不是根据实际数量打同样数量结的办法，而是用不同形状的结来代表 100、10 等特殊的数。比如，麻花形绳结代表 100，绕 3 圈的长结代表 10，单个打结代表 1，那么 4 个代表 100 的绳结、6个代表 10 的绳结和 9 个代表 1 的绳结放在一起，就表示数字 469。

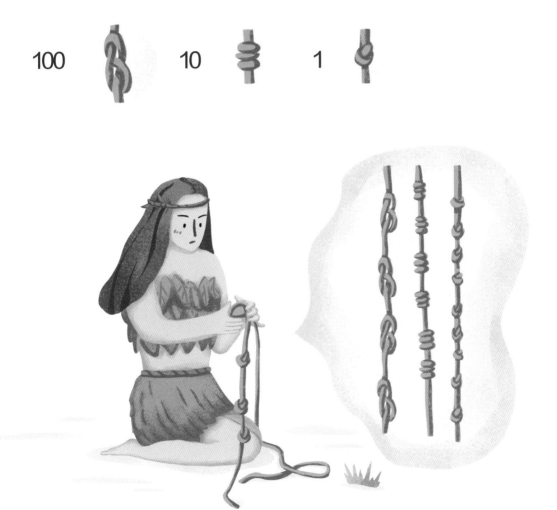

古埃及人想到的办法也差不多，他们用象形文字来表示 1、10、100、1000 等数字。

在创造出新的记录符号来代替同样大小的数的基础上，人类发明了进位制。

最常见的是十进制，满十位进一位，这可能与原始人类最熟悉自己的 10 个手指有关。时间计量单位使用的是六十进制。电脑程序使用的是二进制，记号只有 0 和 1，在二进制系统里 1+1=10。古玛雅人使用的是二十进制，33 就要写成 20+13，421 写成 400+20+1。

《哈利·波特》中的货币进位制

《哈利·波特》里，巫师们的货币进位制就很独特，1 加隆等于 17 西可，1 西可等于 29 纳特，数学不好的"麻瓜"对此只能望而生畏。

六十进制的由来

六十进位制起源于公元前 3000 年的苏美尔人，至今仍然用来计量时间、角度。60 是 1、2、3、4、5、6 的最小公倍数，约数也比 10 多，在涉及分数和除法的计算中具有显著优势。

认识古人的计算工具

最早的时候，人们的计算方式主要是掰手指，如果手指不够用，还可以掰其他人的，或者掰脚趾。

如果手指不够用，怎么办？

随着对数字的了解越来越深入，需要使用数学的地方越来越多，人们开始使用更多的计算工具来帮助自己的大脑运算。

尼加拉瓜邮票"1+1=2"。

约公元前 5 世纪，古希腊人发明出一种特殊的"算盘"，叫希腊计数板。

希腊计数板

他们在一块平板上刻出表示 1、10、100、1000、10000 等数字单位的符号，在每个符号旁边摆上对应数量的小石子表示数字，做加减法运算的时候，移动每个数位上摆放的石子数就能得出计算结果。

为保证摆放时不错位，在表示数字单位的符号旁边通常刻有平行线，便于在平行线间的空行上摆放石子。计数时大数在左、小数在右，依次排列。

▶ 16 世纪的图书插画。画面中算术女神正在观看博伊修斯和毕达哥拉斯的比赛，其中毕达哥拉斯使用的就是希腊计数板。

中世纪的欧洲人仍然使用古希腊形式的计数板。不过为了更方便使用，他们不再摆放石子，而是放一种特制的金属圆片，有点儿像硬币。它不像石子那样容易滚动，可以减少使用时出现的错误。

南美洲印加人使用的"算盘"像一个有很多格子的托盘，但由于古印加文明已经中断，没有足够的资料，人们目前还不能确定它的原理。

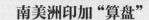

南美洲印加"算盘"

根据它的造型，推测可能是用周围小格子里放的石子代表不同位上的数字。

随着计算过程的开展，在相应的格子里拿掉或放上相应数量的石子，最后将计算结果摆在中间的大格子中。

等到计算完成后，在绳子上打出表示相应数字的结，作为最终的记录。

伊尚戈骨头到现在已经超过 2 万年，人类探索宇宙和生命奥秘的脚步从未停止。我们所取得的很多研究成果的根源，就在于最基础的数学知识。2 万多年前的祖先划下的记号，最终发展成今天我们所享受的现代化科技成果。

幻方铁板

西安·陕西历史博物馆

这块刻着"神秘符号"的铁板是什么？
装饰？家具？下水道井盖？

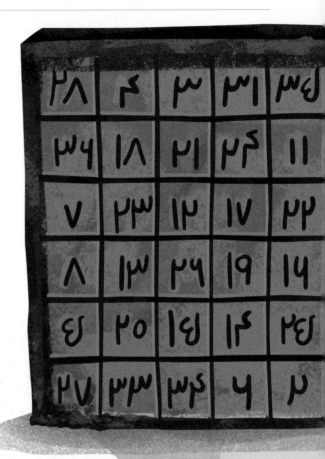

这是 700 多年前，元世祖忽必烈的儿子忙哥剌修建安西王府时，埋藏在地基之中的"辟邪圣物"，他们认为这样可以保佑房子平安稳固。

元代安西王府遗址共出土 5 块相同的铁板，它们被统一安放在特制的方形石盒中。每块铁板大小相同，上面整齐地画着 36 个方格，每个格子里都有一个"神秘符号"，排成 6×6 的方阵。

幻方铁板

元代安西王府出土，刻有 1 到 36 组成的数字方阵，无论横、竖还是对角线上的数字相加，总和都是 111，是目前发现最早的我国应用古阿拉伯的数字的实物。

铁板上镌刻的"神秘符号"其实是古代阿拉伯地区使用的数字。这些符号经过考古学家夏鼐先生翻译成我们熟悉的数字形式后，就能得到一个 6×6 的数字方阵，由从 1 到 36 的数字排列组合形成。

阿拉伯的数字

"阿拉伯的数字"与"阿拉伯数字"可不一样！我们所说的"阿拉伯数字"，实际是印度数字，因为经阿拉伯人广泛传播到世界各地才被称作"阿拉伯数字"。

?+? = 111

28	4	3	31	35	10	=111
36	18	21	24	11	1	
7	23	12	17	22	30	
8	13	26	19	16	29	
5	20	15	14	25	32	
27	33	34	6	2	9	=111

长 14 厘米
宽 14 厘米
重 1.317 千克

=111

神奇的是，这个数字方阵每行、每列、每条对角线上的数字加起来都等于 111。这种数字组合在古人看来十分神奇，被赋予了很多神秘色彩。

这种将一组连续并且不重复的数（通常从 1 开始）排列在正方形中，每行、每列以及每条对角线上的数字总和都相等的数字方阵，被称作"幻方"。

安西王府出土的这批铁板被称作"幻方铁板"。

把数学游戏当成神秘符号

洛书——最古老的幻方

相传，上古时期的大禹在治理水患的时候，在洛水中看到一只巨大的神龟浮出。神龟背驮"洛书"，献给大禹。大禹依此治水成功，于是按照"洛书"划分九州，并且依据"洛书"制定了治理天下的九章大法。在古代，"洛书"十分神秘，被视为神奇的"天意"，圣人们根据它演绎出各种治国安邦的良策。

其实，"洛书"就是三阶幻方。

幻方	幻方是一个数字排列组成的正方形，方阵有几行就叫作"几阶"幻方。比如，安西王府幻方铁板就是一个六阶幻方。我们能够组成的最小的幻方是三阶幻方。

大禹看到神龟浮出，其背上的图案显示出从 1 到 9 的数字排列，排成 3×3 的方阵，把它横向、竖向和对角线上的数字分别相加，发现和都是 15。

4	9	2
3	5	7
8	1	6

=15

=15

=15

古人心中的神秘幻方

三阶幻方在中世纪的欧洲有另外一个名字——"土星幻方"，这个名字是 15～16 世纪的神秘学家、炼金术师阿格里帕取的。他综合相关内容，写了一本有关神秘学的书，将土星、木星、火星、太阳、金星、水星、月亮分别与从三阶到九阶的 7 个幻方对应起来，分别代表铅、锡、铁等不同的金属。他认为如果能掌握其中的奥秘，就能拥有高强的法力，能把普通的金属炼成金子。

中世纪的欧洲人还认为，巫师们在施法的时候，会在咒语里念出幻方的数字组合。

▼ 想象一下，巫师拿起魔杖时喊的不是"阿瓦达索命"（《哈利·波特》中的一种索命咒），而是"4、9、2、3、5、7……"

但是，把幻方和炼金术、占星术联系起来，并不是欧洲人的首创，这些想法其实最早来自阿拉伯人。

阿拉伯人很早就掌握了构造幻方的技巧，他们相信幻方具有保护生命和医治疾病的巨大力量，很多人把幻方图案刻成护身符带在身上，并且用幻方图案来装饰各种器具。

在相当长的时间内，阿拉伯地区的一些国家向中国订购瓷器，都要求在瓷器上画幻方图案。但因为瓷器工匠往往对幻方不太了解，图案上的数字经常是错的，甚至直接用空格代替。由于海上交通不便，几千里外的买家发现错误也无法申请退换，只能勉强使用。

这件瓷器上面的四阶幻方内没有填写正确的数字。

幻方辟邪保平安的观念和中国原有的"洛书"联系在一起，进一步得到传播发展，也为我国数学史留下了最早应用古阿拉伯的数字的实物资料。

幻方铁板并不是孤例，在修建年份比安西王府晚 30 多年的元中都宫城（位于河北省张北县）的大殿地基中，考古人员发现了一块刻有六阶幻方的青石板，上面使用的数字与幻方铁板相似，说明幻方辟邪的观念在元代皇室贵族群体里很可能较为流行。

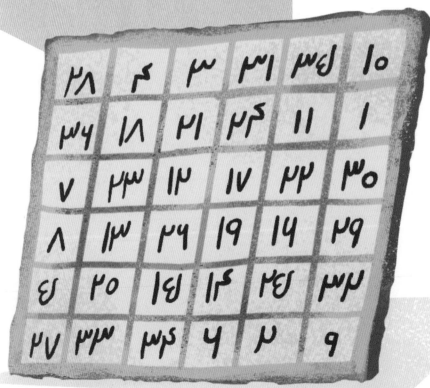

幻方蕴藏的数学之美

剥开神秘外衣，幻方其实就是"数学"，它被数学家称为"具备永恒魅力的数学问题"。

13 世纪，南宋数学家杨辉率先在全球范围内开展了对幻方的系统研究；此后，欧洲著名数学家费马、欧拉都对幻方进行了研究。如今，幻方仍然是组合数学领域的一个重要研究课题。

从数学的角度看，安西王府幻方究竟有什么特别之处？我们先把它复原成熟悉的数字形式。

为了验证它的幻方特性，你不妨拿起笔来（对自己的计算能力很自信的话，也可以试试心算），把每行、每列、还有对角线上的数字加起来试一试吧。

只要计算没出错，你会发现总和都是 111，这里的 111 也被称作幻和。

28	4	3	31	35	10	=111
36	18	21	24	11	1	
7	23	12	17	22	30	
8	13	26	19	16	29	
5	20	15	14	25	32	
27	33	34	6	2	9	

=111

=111

你可以再计算一下第 1 行和第 6 行数字的平方和：

$$28^2+4^2+3^2+31^2+35^2+10^2=3095$$

$$27^2+33^2+34^2+6^2+2^2+9^2=3095$$

这两行的数字的平方和相等！

再用同样的办法，算一算第 1 列和第 6 列数字的平方和吧！

$$28^2+36^2+7^2+8^2+5^2+27^2=2947$$

$$10^2+1^2+30^2+29^2+32^2+9^2=2947$$

它们的平方和竟然也相等！

这就是幻方的神奇之处，因为一般的幻方并不具备这个特性，这种幻方也被称作二次幻方。

不仅如此，我们还可以去掉这个大正方形"最外一圈"的数字，可以得到一个由 16 个小方格组成的正方形：

● =74

28	4	3	31	35	10
36	18	21	24	11	1
7	23	12	17	22	30
8	13	26	19	16	29
5	20	15	14	25	32
27	33	34	6	2	9

● =74

● =74

● 这个小正方形仍然是一个幻方。你可以验证一下，它的每行、每列及每条对角线上的 4 个数之和都是 74。

具有这种特点的幻方叫回整幻方，也就是大幻方里面还套着一个小幻方。当然，不是所有幻方都具有这个特性。

这个套在里面的小幻方，还有自己的神奇之处，它是一个完美幻方。

我们把小幻方的第 1 行移动到最后 1 行，得到一个新幻方，新幻方的两条对角线就被称作原幻方的泛对角线。我们把新幻方的每条对角线上的数字相加，会发现和依旧等于原幻方的幻和 74。

"完美幻方"指的就是一个幻方各条泛对角线上的数的和等于原幻方的幻和。

18	21	24	11
23	12	17	22
13	26	19	16
20	15	14	25

=74   =74

23	12	17	22
13	26	19	16
20	15	14	25
18	21	24	11

1977 年，美国发射了"旅行者一号"和"旅行者二号"空间探测器。它们各带有一张名片为"地球之音"的铜质镀金激光唱片，里面存储着代表地球的声音和图片，其中一张存有勾股数，另一张存着一个古印度的耆那幻方（耆那幻方就是一个完美幻方），目的是将它们作为人类智慧的象征，向广袤的宇宙中可能存在的外星人传达人类的文明信息与美好祝愿。

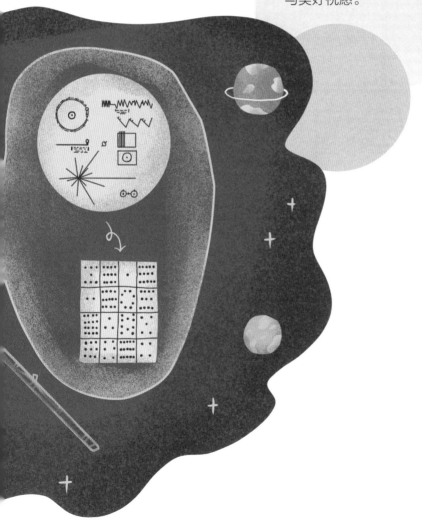

汉代象牙算筹

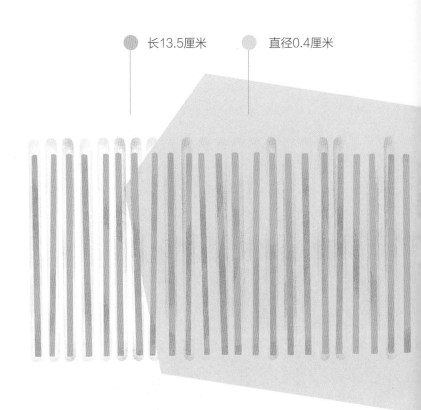

长13.5厘米　　直径0.4厘米

陕西旬阳北部有一座道观叫作佑圣宫。1983 年 11 月，考古人员在佑圣宫后坪发掘出一座 2000 多年前的汉代墓葬，墓主人腰部的位置有一些细长的乳白色的圆柱形"小棍"。

乳白色"小棍"一共 28 根，长短相同，粗细均匀，是用象牙精心磨制成的，在地下埋藏了几千年仍然保存得很好。

"小棍"难道是墓主人随身携带的筷子？

"小棍"的真实用途，可以从《汉书》中找到答案："其算法用竹，径一分，长六寸，二百七十一枚而成六觚，为一握。"这里的"算"指的是一种古老的计算工具——"算筹"。

汉代时，算筹的大小已经被制定了"国家标准"，换算成今天的单位，就是直径约 0.23 厘米、长约 13.8 厘米的小棍，每 271 根叫作"一握"，可以放在一个六边形的容器里。墓里出土的"小棍"，就是基本符合当时国家标准的算筹。

汉代象牙算筹

西汉时期用象牙制成的算筹，共有 28 根，通体磨光、长短相等、粗细均匀，距今已 2000 多年，保存完好，十分珍贵。

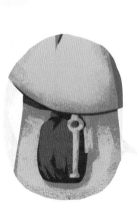

▶ 这位墓主人应该是位家境比较富裕的小官吏，算筹是他生前经常使用的"办公用品"。他把算筹放在一个叫"算袋"的锦囊里挂在腰带上，以便随时可以拿出来使用。

古人的计算器，
居然是一组"小棍"

算筹是我国古代独创的计算工具，在过去几千年里，一直是最常用的计算工具，直到明代算盘全面普及才退出历史舞台。在古代，需要经常计算的人，会像这座汉墓的主人一样把算筹装进算袋，随身携带。那算筹究竟是怎么使用的呢？古人还使用过哪些其他的计算工具呢？

算筹怎么计数

计算的时候，当然需要先把数字清晰地表示出来，我们习惯于在纸上列算式，古人则是摆算筹了。

当你手握一把算筹时，你可能会有点儿犯愁。

要怎么摆数字？难道是摆1根代表数字"1"，摆10根代表数字"10"吗？

如果数字太大，岂不是得摆满一个操场了？

如果要摆数字 1 ～ 5，就直接摆出对应数量的算筹即可。

如果要摆数字 6 ～ 9，先在表示 1 的算筹的垂直交叉方向上摆 1 根代表 5，得到数字 6，再按原来的方向放上 1 到 3 根，就可以了。

不过，当你需要摆出 5 的时候，不能为了图方便而只摆 1 根代表 5，也不能连成 6 根代表 6。那样就和 1 混淆了。古人称这种摆法为"六不积算，五不单张"。

两位数及以上的数字怎么办？

　　算筹记数办法是按照数字的"位数"来摆对应的数字。比如要摆数字"25"，并不需要摆 25 根，只需要在个位摆 5 根，十位摆 2 根就可以了。

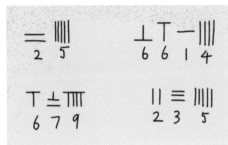

　　同一个数字，算筹有"横式"与"纵式"两种摆法。

　　表示多位数时，如果相邻位置上的数字采用相同的摆法，就很容易看错，影响计算结果，所以需要交替使用"横式"与"纵式"摆法。低位摆在右边，高位摆在左边，如果遇到零，就用空位表示。

	1	2	3	4	5	6	7	8	9
横式	一	二	三	亖	三	上	丄	圭	亖
纵式	丨	丨丨	丨丨丨	丨丨丨丨	丨丨丨丨丨	丅	丅	丅	丅

万位	千位	百位	十位	个位
纵式	横式	纵式	横式	纵式

算筹计算难不难

古人把使用算筹计算称为"运筹"，后来把谋划事情也称为"运筹"。当提及诸葛亮这种足智多谋的人时，常赞誉他"运筹帷幄之中，决胜千里之外"，意思是只需要坐在屋子里进行一番筹谋，就能决定千里之外的战局胜败。

▼ 运筹帷幄的诸葛亮

算筹计算是不是很难呢？

其实并没有想象中的难，因为它能够让你一目了然地看清每一步的计算结果。

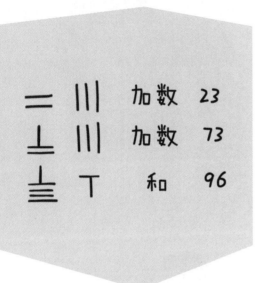

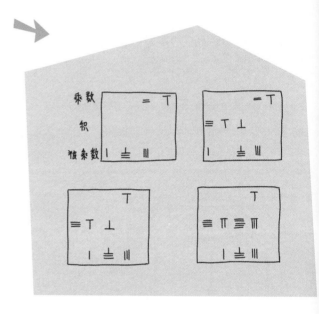

用算筹计算加减法，按照从左到右的顺序，逐位相加、相减，按照计算结果在对应位上及时摆出算筹就可以。

乘除计算也难不倒算筹。以乘法为例，先把乘数和被乘数按上下位置摆好，然后按从左到右的顺序用上面数的第一位乘下面数的每一位，把乘得的积摆在上下两数中间，之后去掉上面的数的第一位，同时把下面的数往右移动一位，再用上面数的第二位乘下面数的每一位，把结果和中间的乘积相加，满十进一位……一直到上面数的各位都用完，就得到结果了。

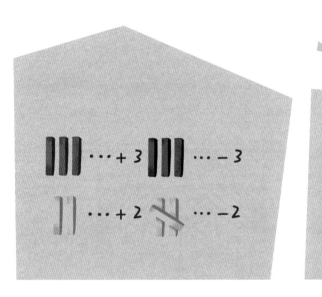

如果想计算方程，算筹也能办到。

算筹还可以做关于负数的计算。正负数可以用不同颜色区分——红色的算筹表示正数、黑色的算筹表示负数；也可以斜放算筹表示负数，或者在个位上斜着摆放一根算筹表示负数。

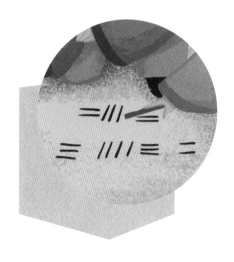

知道了算筹的计算法则后，你就会发现，如果熟练掌握运算技巧，算筹计算其实相当快捷。在没有计算器的年代，它可帮了人们的大忙。唐代朝廷甚至明文规定，一品以下文官必须携带算袋，说明算筹是当时官员不可缺少的物件，计算财政收支、民夫工作量、纳税额度等都用得上。如果没有它，工作中难免出现"一笔糊涂账"的情况。

取代算筹的珠算

算筹虽然有很多优点，但仍然有不方便使用的地方。如果要计算比较大的数字，就要摆放很多算筹，对空间大小要求很高。另外，算筹因为质地较轻，很容易被人碰乱或被风吹乱，每当这时就得从头算起了。

渐渐地，算筹从人们的生活里退出，由算盘取而代之了，用算盘计算就叫"珠算"。东汉有个数学家叫徐岳，他写的书《数术记遗》中就描写了珠算，这是目前我们关于珠算最早的记录。但是，当时的珠算最多只是一种计数工具，或者是只能做加减法的简单算板。

▲《清明上河图》里一家药铺的柜台上摆着一个算盘，跟现在使用的算盘很像。

上珠
一颗代表5

梁

档

下珠
一颗代表1

框

中国算盘

　　中国算盘的形状是长方形，一般都是用木头制成的，大致样式是木框内排着一串串用木杆穿起来的数量相等的算珠。贯穿算珠的柱子被称为"档"，一般有9档、11档或者13档；一道横梁穿过"档"，把算珠分为上下两部分，最常见的为梁上2颗，梁下5颗。

　　算盘梁上的算珠，一颗代表5；梁下的算珠，一颗代表1。梁上的算珠定位1颗，就可以通过调整梁下的算珠表示6～9。拨动这些算珠，可以进行加减乘除等运算。运算过程中，如果某一档的结果大于或等于10，就拨动左侧一档的算珠加1，这叫作进位。

　　算盘和算筹看上去一点儿也不像，但实际上它们的运算法则有很多相似的地方。

　　可以认为，算盘是一种"串起来"的算筹，细长的算筹变成了圆溜溜的珠子，算盘就是在算筹计数的基础上演变而来的。

　　算盘制作简单，价格便宜，人们还发明了许多便于记忆的珠算口诀，用起来简单又方便。随着宋朝以后商业的不断发展，珠算的规则越来越系统规范，算盘的使用范围越来越广，成为经商算账必不可少的工具，一直用到今天。

　　不仅仅是经商活动，小小算盘的身影也出现在一些历史大事件当中。据说在我国原子弹的研发过程中，它就发挥了重要作用，很多人说算盘是"中国第五大发明"。

"六博"游戏

算筹不仅可以用来计算，还可以用来玩游戏。

古代有一种游戏叫"六博"，它需要特制的棋盘、6枚黑棋子、6枚白棋子、2枚叫"鱼"的圆形棋子，还有6根长条算筹。这种筹是特制的，叫"博"，也叫"箸"。在玩的时候，玩家分别投掷"博"，因为它一面是弧形，一面是平的，投掷下去便会出现正面朝上或背面朝上的结果，玩家根据投出的某一面的数量来决定步数，棋子按照步数在棋盘的格内移动，以先吃掉对方的"鱼"为获胜。

相传，汉文帝的太子刘启（后来的汉景帝）在和吴王刘濞（bì）的儿子刘贤下六博棋的时候，为一步棋吵了起来，互相都不肯退让，结果刘启用棋盘把刘贤砸死了，还引发了一场刘濞发起的叛乱。

里耶秦简 "九九乘法口诀表"

湖南省龙山县·里耶秦简博物馆

2002 年，湖南省龙山县里耶镇战国至秦代古城遗址的 1 号古井中发现了 3.8 万多枚简牍，在十几米深的淤泥下面，它们默默地沉睡了 2000 多年。现代人根据出土地称之为"里耶秦简"。

里耶秦简 "九九乘法口诀表"

里耶秦简中一共发现了3枚完整的"九九表"，是全世界现存最早也是最完整的"乘法口诀表"实物。它改写了世界的数学发展史，证明2000多年前，乘法口诀已经在中国出现并较为普遍地运用。

里耶秦简中有一枚特别的木牍，大家一定会觉得很熟悉。木牍上共有 39 句话：

九九八十一	八九七十二	七九六十三	六九五十四	五九四十五
四九卅六	三九廿七	二九十八	八八六十四	七八五十六
六八四十八	五八四十	四八卅二	三八廿四	二八十六
七七四十九	六七四十二	五七卅五	四七廿八	三七廿一
二七十四	六六卅六	五六卅	四六廿四	三六十八
二六十二	五五廿五	四五廿	三五十五	二五而十
四四十六	三四十二	二四而八	三三而九	二三而六
二二而四	一一而二	二半而一	凡千一百一十三字	

这不就是"九九乘法口诀表"？

没错，这就是古代的"九九乘法口诀表"。只不过它与我们习惯的从"一一得一"开始的表有所区别，它是从"九九八十一"开始的，所以又叫"九九表"。

里面还有两个和其他乘法算式不一样的"漏网之鱼"，你发现了吗？倒数第二句——"二半而一"，意思是 $2 \times \frac{1}{2} = 1$，这说明当时已经有了分数的概念，并表明乘法是在加法的基础上发展而来。"凡千一百一十三字"又是什么意思呢？这句话的意思是乘法表中所有乘积的和等于 1113。

领先世界的"九九表"

还记得小学的数学课吗？在学习乘法时，老师把一张"九九乘法口诀表"发给大家，同学们背熟之后再做算术题就比较迅速。那"九九乘法口诀表"是什么时候有的呢？是怎么计算来的？

"九九乘法口诀表"的出现

乘法实际上是在加法的基础上发展而来的。

01

如果想求多个相同的数加起来的和，可以采用更方便的算法。比如，把 3+3+3+3+3+3+3 升级为 3×7，就不用每次都写多个数相加。

可以写成3×7，你知道九九歌吗？

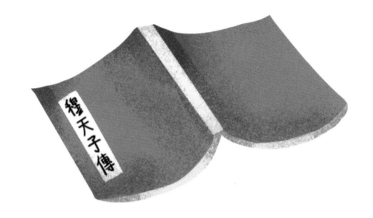

02

记住简单的数字相乘的结果，计算的时候就能立马反应出来结果。比如，"三七二十一"，需要计算"3×7"的时候，立马就知道结果为 21。

03

在记住了这些结果之后，就可以做两位数的乘法，三位数的乘法……

为了便于计算，中国古人将从 1 到 9 相乘的结果汇总成表，作为计算时参考使用的"乘法口诀表"。因为读起来方便、背下来容易，所以"乘法口诀表"使用非常广泛，即使不识字的人，也能通过背诵它来做基本的乘除运算，让日常生活里的计算变得特别简便。

"乘法口诀表"究竟是什么时候出现的，现在还没有明确的记载。可以断定的是，它的出现应该比里耶秦简还要早很多，因为早在西周的史书《穆天子传》里，就用"二六""三五"指代"十二"和"十五"。

春秋时期，齐国的统治者齐桓公想招揽人才，但发出告示一年多，才来了一个人。

齐桓公问："你有什么才能呢？"这个人回答："我会背'九九表'。"齐桓公笑他："这算什么才能？连小孩都会。"

这个人并没有惭愧，而是从容地说："您说得对，'九九表'确实很简单。但如果您连只懂简单学问的人都能重视，那么肯定会有更多有才干的人前来为您效劳的！"

齐桓公点头称是，对这个人礼遇有加。后来果然像这个人说的那样，越来越多的人才到齐国效力。

这说明，至少春秋时期，乘法口诀表已经是大部分人都掌握的基础知识了。

其他国家有乘法口诀表吗

　　基本的加减乘除计算，是数学的基础。不同的国家探索出了不同的乘法计算方法，但没有像中国的乘法表那样方便快捷的运算口诀。

探索日报　震惊消息！他们居然是这样计算的

古埃及人

我们是用加法来计算乘法的。

古埃及

　　古埃及人是通过加法来计算乘法的。比如，计算 5×16，先把它拆成 $4 \times 16 + 1 \times 16$，再把 4×16 变成 2×32，然后进行 $32 + 32$ 的加法计算，最后把 64 和 16 加在一起得到 80。这样数字越大，拆解就越费时间。

我们是六十进制……

古巴比伦人

古巴比伦

古巴比伦人也没有发现过乘法口诀表，很可能是因为他们采用六十进制，一个"59×59"乘法表需要记下 1770 个计算结果，不像十进制下的"九九表"只需要记住 45 个计算结果就行了。

不过，古巴比伦人发明了他们独特的"平方表"：$1×1=1$，$2×2=4$，$3×3=9$，……，$59×59=3481$。如果要计算两个数 a 和 b 的乘积，可以用 $ab=\dfrac{(a+b)^2-a^2-b^2}{2}$ 的方法来计算。

古希腊

古希腊人虽然发明过乘法口诀表，但比起"九九表"要复杂得多。根据考古发现的古希腊 2～3 世纪的乘法表推测，如果全部复原，得到的是一个从"1×1"列到"10000×9"的大表。要背下它就不太容易了！原因是古希腊数学里没有我们现在习惯使用的十进制，当时希腊人要做计算就必须分别记下 $7×8$、$70×8$、$700×8$ 等各个不同的结果。而我们在背会乘法口诀知道 $7×8=56$ 后，就能直接得到 $70×8=560$、$700×8=5600$。

我们的乘法表太难了！

古希腊人

欧洲

13 世纪，东方的十进制通过阿拉伯人传入欧洲后，计算难度大大减少。但是，欧洲仍然没有出现和我们一样的乘法口诀表，这是为什么？有一个你可能没有想到的原因，就是语言问题。中国的数字都是单音节，用汉语念起来非常顺畅，但对欧洲国家的人来说并不是一件容易的事。

不信的话，试试用英语念"9×9=81"，念起来比"九九八十一"拗口多了。所以，想要记住不同数字相乘的结果，对欧洲人来说还是比较难的。

在 1000 多年前的欧洲，计算两位数乘法是大学的学习内容，能够准确计算多位数除法的人会被视为数学家。

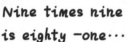

Nine times nine is eighty -one……

为了便于计算，欧洲人发明了专门查询乘法结果的"计算器"。比如左图中的这个"猴子"，如果想知道 4×9 的结果，可以把它的左右脚分别拨到 4 和 9 上，它的手就会对应着结果 36。

欧洲的数学沿袭自古希腊数学，所以对他们来说，较大数字的乘除计算也很复杂。

没有口诀表，可以画格子

14 世纪，一种通过画格子做乘法计算的方法在欧洲广为流行，叫"格子算法"，也叫"铺地锦"。目前尚不清楚它的起源，有人认为它是印度人发明的。

格子算法比较一目了然。

01

先画一个长方形，把它分成若干个均匀的方格。被乘数有 m 位，乘数有 n 位，就需要将它的长分成 m 份，宽分成 n 份，将整体分成 $m \times n$ 个方格。比如，计算 46×75，46 和 75 都是两位数，所以需要将长方形分成 4 个方格。

02

在长方形上边、右边分别写下被乘数和乘数，再用对角线把每个方格分成两个三角形。

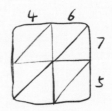

03

接下来，用乘数的每一位乘被乘数的每一位，把得数分开写在方格里，每个三角形里只写一个数字。

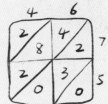

04

再按照由右下到左上的顺序，把夹在两条平行斜线之间的数分别加在一起，相加满十时向前进一位，得数写在长方形的下边、左边。

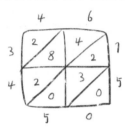

05

最后把这些数字按从左往右、从上往下的顺序读出来，也就是将长方形周围一圈的数字里，将"左边"和"下边"的数字按顺序写下来，就得到结果了。

46×75=3450

其实，除了写法不太一样，它的原理和我们现在熟悉的乘法竖式是一样的。

觉得写数字太麻烦？

你可以用画线的方式来做，最后数交叉点就可以得出结果。

如果需要计算21×13：

解： ① 用横线表示数字：

21用横线表示，上面画 2 条直线，下面画 1 条直线；

13用竖线表示，左边画 1 条直线，右边画 3 条直线。

② 画完后数交叉点：

· 右下角 3 个交点，写在最下方的右侧，记作 3；

· 左上角的有 2 个交点，写在最下方的左侧，记作 2；

· 左下和右上分别有 1 个和 6 个交点，相加后写
   在最下方的中间，记作 7；

· 按从左往右、从上往下的顺序读，
   结果为 273。

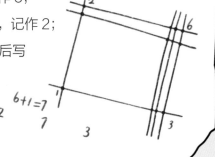

这种做法在网上还引起过热议，人们难以想象用几条线能算出结果，但其实它应用的仍然是格子算法的原理。

这种做法虽然有它的简便之处，但如果要计算的数字比较大，可就太麻烦了，可能要用床单那么大的纸来画格子。而且一不留神就会数错。

能不能让画格子再简单一些？

---

17 世纪苏格兰数学家纳白尔参考阿拉伯"格子算法"的原理，发明出了"纳白尔算筹"。

它其实就是把九九表"复刻"到了 9 根特制的长条上，每根长条上有 9 个方格，按顺序刻着对应从 1 到 9 的数字的乘积。如果方格内要填写两位数，就要用方格的对角线把个位和十位隔开，分别写在对角线的上面和下面。

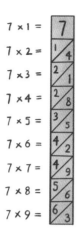

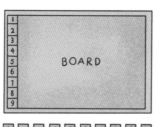

BOARD

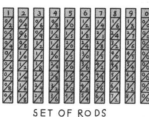

SET OF RODS

$7 \times 1 =$

$7 \times 2 =$

$7 \times 3 =$

$7 \times 4 =$

$7 \times 5 =$

$7 \times 6 =$

$7 \times 7 =$

$7 \times 8 =$

$7 \times 9 =$

纳白尔算筹仍然是把乘法简化为加法。比如，想计算 425×6，只需要将 4、2、5 对应的长条找出并对齐，数出这 3 根长条的第 6 行对应的数，以斜线为界，对每一位的数相加，满十就进一位，可以得到结果 2550。有了这种计算工具，连格子都不用画了，很受当时欧洲人的欢迎。

在看到了不同国家的乘法计算后，你一定会觉得简单的"九九表"其实一点儿也不简单，它凝聚着中国古人的智慧，给我们的计算带来了极大的算法便利。

岳麓秦简《数》

长沙·岳麓书院

你做过应用题吗？你知道吗，在秦朝当官必须会做应用题。能不能做好应用题，关系到他们能不能当好地方官、管理好军队呢！

五人共买盐

有 5 个人共同买一石盐（大约 120 斤），一个人出 10 文钱，一个人出 20 文钱，一个人出 30 文钱，一个人出 40 文钱，一个人出 50 文钱，他们每人分别会分得多少盐？

岳麓秦简《数》

目前发现的最早的数学文献之一，是我国禁止出境展览文物中唯一的"理科著作"。

现在收藏在湖南大学岳麓书院的一批秦代竹简被称为"岳麓秦简"。岳麓秦简中有 200 多枚竹简专门记录了各种计算题，统称为《数》。《数》中一共整理出 81 道应用题，每一道都和当时人们的生活紧密关联，比如"五人共买盐"。秦简上不仅记载了题目，还记载了当时的解题方法。你可以先试着计算一下"五人共买盐"的答案！

想去秦朝当官，
应用题你会了吗

当官为什么要会做应用题

我们都知道，古人当官必须要精通诗词歌赋。但其实这还不够，他们也要学习数学。

早在周代，贵族必修课"六艺"中就有关于计算、测量等数学知识的"九数"。因为对于统治阶层来说，无论是对百姓税收的管理，还是对修建工程、田地面积的测量，或是对行程、徭役的计算，都离不开数学。

如何丈量田地？

能够通过田地大小判断收获粮食的数量吗？

刚收割下来的粮食和晒干的粮食重量不同，能够折算的价值也不同。不同情况下，农民应该交多少粮食作为租税？

怎么测量辖区内的城墙、官府房屋的面积？

需要组织多少人员进行日常维修管理工作？

官府房屋面积是？

田地怎么丈量呢？

收多少租税？

作为一个基层官员，你每天都要处理这些事情，那提高数学水平也就势在必行了。如果数学好，工作得心应手，自然步步高升；如果数学不够好，工作中经常出现失误，仕途也就堪忧了。

基层官员的"数学课本"

把岳麓秦简《数》中的全部题目整理出来后,我们可以发现里面存在大量相似的问题。这些问题只是改变了基本条件,调整了难度。按照古代对数学类问题的分类整理,可以将《数》中的问题分为"方田""粟米""衰分""少广""商功""均输""赢不足""勾股"等 8 类。

方田	粟米	衰分	少广
计算土地面积	在知道谷物加工成粮食的比例之后，根据谷物量求解能够加工出来的粮食量	按比例分配的各类数学问题，前面提到的"分盐"就属于"衰分"问题	已知几何图形的面积、体积，求边长

商功	均输	赢不足	勾股
计算不同形状几何体的体积	按照一个地方人口的多少、路途的远近、成本的高低来按比例推算需要缴纳多少赋税	也叫"盈不足"，就是我们今天的"盈亏问题"	利用勾股定理来求解几何问题

这些名词看上去有点儿让人摸不着头脑，其实都是基于解决实际问题而设置的。

现代的研究者猜测，《数》很可能是为官员准备的"课本"。官员在掌握了里面不同的应用题后，将做法规律总结出来，就能够了解日常工作里遇到的数学相关问题的解决办法。把同一类型的问题编在一起，并按照难度逐步递增的顺序排列，可以帮助学习者尽快熟悉不同类型的题目，从而提高学习效率。

测试：你能到秦朝当官吗？

"五人共买盐"的题目你计算出来了吗？不如我们一起来解一下这道题。

"有5个人共同买一石盐，一个人出10文钱，一个人出20文钱，一个人出30文钱，一个人出40文钱，一个人出50文钱，他们每人分别会分得多少盐？"

解:

① 5人购买1石盐支付的总金额=
10+20+30+40+50=150（文）

② 个人出钱占总金额的比例=个人出钱数÷总金额

出10文钱占比=10÷150=$\frac{1}{15}$

出20文钱占比=20÷150=$\frac{2}{15}$

出30文钱占比=30÷150=$\frac{3}{15}$

出40文钱占比=40÷150=$\frac{4}{15}$

出50文钱占比=50÷150=$\frac{5}{15}$

③ 每人分得的食盐数量 = 个人出钱占总金额的比例 × 购买食盐总量

出10文钱分盐量=$\frac{1}{15}$×1≈0.07（石）

出20文钱分盐量=$\frac{2}{15}$×1≈0.13（石）

出30文钱分盐量=$\frac{3}{15}$×1=0.2（石）

出40文钱分盐量=$\frac{4}{15}$×1≈0.27（石）

出50文钱分盐量=$\frac{5}{15}$×1≈0.33（石）

你算出来了吗？秦朝也有这样的计算方法吗？其实，秦朝和我们今天的计算方法差不多，他们还总结了更方便记忆的"公式"。

解：

① 根据上一解法，可以总结出：

每人分配数量＝个人支付金额÷总支付金额×购买总量

② 但是，古人为了方便记忆，对公式进行调整简化：

每人分配数量＝个人支付金额×购买总量÷总支付金额

他们还重新进行了命名：

"个人支付金额×购买总量"＝"实"；

"总支付金额"＝"法"。

③ 所以，每人分配数量＝"实"÷"法"。

出10文钱分盐量＝10×1÷（10+20+30+40+50）≈0.07（石）

出20文钱分盐量＝20×1÷（10+20+30+40+50）≈0.13（石）

出30文钱分盐量＝30×1÷（10+20+30+40+50）=0.2（石）

出40文钱分盐量＝40×1÷（10+20+30+40+50）≈0.27（石）

出50文钱分盐量＝50×1÷（10+20+30+40+50）≈0.33（石）

"五人共买盐"是一个"衰分"（分配）问题，我们已经知道了古人计算这类问题的公式，让我们一起去看一个更复杂一点儿的题目，看能不能计算出来吧！

9

"3位妇人在一起织布，年纪最大的妇人每天织50尺，年纪中等的妇人每2天织50尺，最年轻的妇人每3天织50尺，她们同时织布，一共织了50尺，每人织了多少？"

解: 我们可以套用上一题的解答步骤：

① 每人织布量=单人一天织布量×织布总量÷三人一天总织布量

"单人一天织布量×织布总量"="实"；

"三人一天总织布量"="法"。

② 所以，每人织布量="实"÷"法"。

年纪最大的妇人织布量=$50×50÷$

$(50+\dfrac{50}{2}+\dfrac{50}{3})≈27$（尺）

年纪中等的妇人织布量=$\dfrac{50}{2}×50÷$

$(50+\dfrac{50}{2}+\dfrac{50}{3})≈14$（尺）

最年轻的妇人织布量=$\dfrac{50}{3}×50÷$

$(50+\dfrac{50}{2}+\dfrac{50}{3})≈9$（尺）

你能胜任秦朝官员的工作吗？

如果你是一个县令，知道了"五人共买盐"问题的做法，当遇到百姓为分配财物产生纠纷的时候，就可以参考这种做法，三下两下帮他们算出应该如何正确分配。

盘式手摇计算机

铜镀金

你知道我国第一位"计算机玩家"是谁吗？他就是生活在 300 多年前的康熙皇帝。

康熙皇帝是个不折不扣的"数学爱好者"。他在统治时期，督促宫廷造办处参考欧洲已经出现的巴斯加计算机，改良并制作出一批计算机。

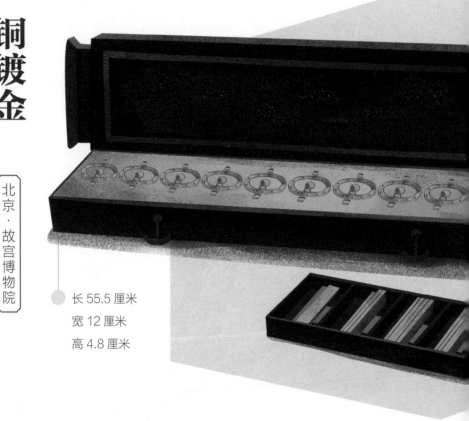

长 55.5 厘米
宽 12 厘米
高 4.8 厘米

现在故宫里还收藏着康熙年间制造的手摇计算机，制作年份在 1687 ～ 1722 年之间，从时间上来看，仅仅晚于 1642 年问世的巴斯加计算机几十年。当然，这种计算机和我们现在熟悉的计算机还有很大的差距，最大的不同是它们不是靠电力驱动的，而是利用机械系统进行一些相对复杂的运算。

故宫所藏的盘式手摇计算机的"身体"由镀金黄铜制成，装在特制的长方形黑漆木盒里，小抽屉中放着一套中国式的纳白尔算筹，经过除锈、修理后，还可以正常使用。其内部藏有齿轮、转盘等机械系统，使用的时候，要像给音乐盒上发条一样，用手摇动手柄，带动齿轮拨动，最后得到计算的结果。

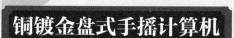

铜镀金盘式手摇计算机

根据巴斯加计算机的构造原理，康熙皇帝命宫廷造办处自制的计算机，能够进行加、减、乘、除、平方、立方、开平方、开立方等运算。

300 年前的"计算机"怎么用

数学爱好者——康熙

康熙登基后不久，钦天监的官员和西方传教士在推算历法方面发生了争执。两派为了证明自己，多次开展了关于观测日影星象等方面的竞赛，其中最著名的一次是在午门外当着大臣们的面测算正午时分的日影，最后欧洲传教士测算的结果与实际情况完全符合。

经此一事，康熙皇帝感觉到中国的科学水平比起西方已经有所落后，便认真向西方传教士学习数学、几何、天文学等知识，还坚持做习题来巩固学习成果。

现在流传下来的康熙皇帝的著作里，有一本《御制三角形推算法论》和一本《钦授积求勾股法》，都是他学习数学的心得和有关几何、代数等问题的作业。

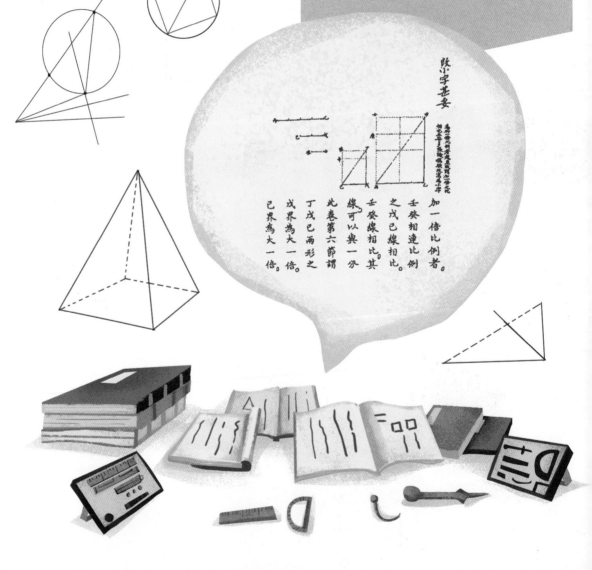

1642 年，法国的科学家巴斯加成功制造了世界上第一台盘式手摇计算机。西方传教士把这种先进的计算机带到中国，作为礼物献给康熙皇帝。这台手摇计算机能进行 10 万左右的加减乘除运算。康熙皇帝看到这么先进的计算工具，爱不释手，很快就能熟练地使用手摇计算机。

康熙皇帝要求造办处根据这台计算机的原理进行仿造和改进。造办处最后制造出 12 位的计算机，能够完成万分位到千万位的四则运算，提高了计算效率。

为什么盘式计算机要"手摇"

　　盘式计算机上面没有按键，也没有像电脑一样的显示屏，怎么才能输入数字，知道计算的结果呢？原来，在盘式手摇计算机的正面，有10个闪闪发亮的金色圆盘，它们就是显示结果的"显示屏"。

　　圆盘也叫位盘，分为上下两层，上层固定不动，下层可以转动。

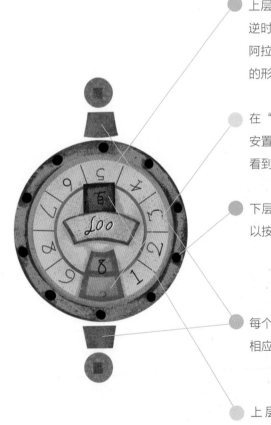

上层位盘的外圈均匀地分成10个小格，在格子里面按逆时针方向，依次排列着从1到9的数字，这些数字用阿拉伯数字形式表达，可能是参考了西方巴斯加计算机的形式。

在"1"和"9"中间，还有一个没刻数字的小窗口，安置着一个能够上下移动的挡片，通过这个窗口，可以看到下层位盘的刻数。

下层位盘最外圈露出10个小孔用来插专用的拨针，可以按顺时针方向转动下层圆盘。

每个位盘的上方和下方各有一个扇形孔，它们可以显示相应数位上的数字。

上层位盘中央，从左到右分别刻有"拾万""万""千""百""十""两""钱""分""厘""毫"，其中"拾万"代表"十万"，这些字代表数位的名称，表示它可以做从万分位到十万位的计算。

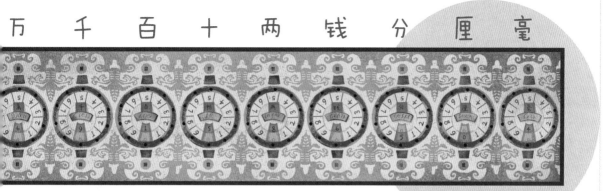

万　千　百　十　两　钱　分　厘　毫

　　每个下层位盘的最下方，都有一个齿轮，相邻数位的齿轮间还装有一个能够让它们互相关联起来的装置，叫棘轮。在计算时如果遇到进位或退位的情况，就可以转动齿轮。当读数从 9 变到 0 或者从 0 变到 9 时，棘轮会推动高一位的齿轮前进一格，让高位圆盘的读数增加 1 或者减少 1，实现进位或退位。

　　其实，它的工作原理和用算盘计算的原理也有相似之处。和算盘不同的是，盘式计算机能实现自动进位、退位，让算法更加简便，成为用机械替代人力的一大进步。

　　要计算 365×42，就需要先把每个位盘上的读数拨成 0，再把被乘数、乘数分别在上下两行的扇形孔里拨出来，接着用乘数的第一位、第二位去乘被乘数的各位数字，把结果对应地拨在相应数位的盘上，并累加得数，直到最后得到结果。

为什么计算机在清朝没有进一步发展

尽管康熙皇帝要求制造的计算机在当时功能已经很先进，却并没有真正普及开来，别说民间数学爱好者了，连宫廷里真正会用的也没几个。而在同时期的欧洲，近代科技已经在逐渐起步。

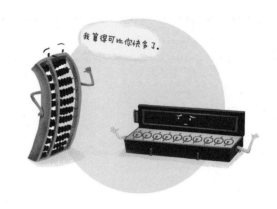

如果这种计算机早点儿在国内普及，
清朝的科技能否更发达呢？
事实证明，这个假设很难真正实现。

一方面，相比于当时在民间已经很流行的算盘，盘式计算机不仅不够轻巧、不方便携带，而且计算速度也不比算盘快。使用者在用盘式计算机拨数字的时候，擅长算盘的人已经在算盘上打出得数了。

另一方面，盘式计算机的结构比较复杂，需要有较高的机械制造水平才能做到，当时民间能掌握这种制造工艺的人并不多，而且花费的财力巨大，令普通百姓望而却步。

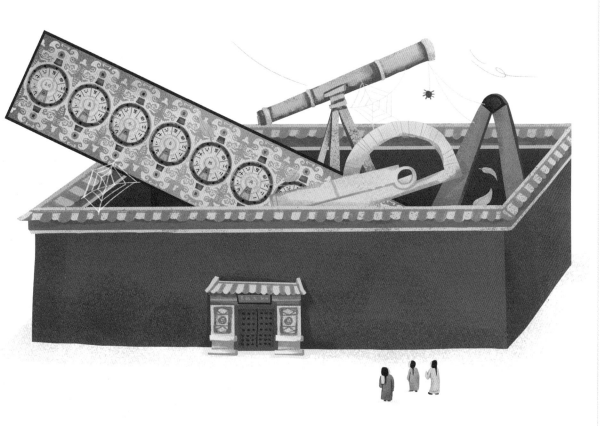

最重要的是，当时的读书人认为学习数学、科学没有什么用处，都忙着学习八股文、参加科举考试，几乎没有人愿意为数学多花时间。康熙皇帝也并不认为数学对社会发展有什么作用，他认为统治者能够掌握这类知识已经足够。因此，这些计算机的制作，基本还是为了满足康熙皇帝自己学习的需要。在康熙皇帝去世之后，继任的皇帝们对数学都没兴趣，这些计算机也都寂寞地在库房里沉睡了。

在"闭关锁国"政策的影响下，清朝与世界的联系越来越少，差距也就越来越大。

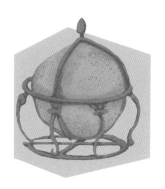

彩陶几何纹盆

仰韶文化

北京·故宫博物院

高 16.4 厘米
口径 37.4 厘米

在距今约 5000 ～ 7000 年前，生活在我国黄河中游的人们已经能够种植粮食、饲养家畜、搭建房子、使用磨制石器、制作日用陶器，并在陶器上绘制美丽的图案。

这一璀璨的文化遗产是 1921 年首次在河南省渑池县仰韶村发现的，故称为"仰韶文化"，其覆盖范围从如今的甘肃省一直延伸到河南省。

纹饰独特、质地坚实的彩陶，是仰韶文化时期的重要代表物品。仰韶文化覆盖的地区，出土了一件圆形的有沿彩陶盆，它的纹样就是这一类的典型代表。

红泥烧制的陶盆表面，用黑色的颜料描绘出两层规整有序、黑白相间的三角形几何纹。最引人注意的是，这两层纹饰的大小及形状基本相同，但上下两层同一颜色的三角纹方向相反，形成有规律的对称图案。可能是由鱼纹逐渐抽象演变而来。

这些图案明显是精心设计过的，但究竟是怎么设计出来的呢？有什么特殊的含义？难道六七千年前的原始先民就已经懂得有关几何图案的知识了吗？

仰韶文化彩陶几何纹盆

仰韶文化半坡类型彩陶的典型代表，大约制作于公元前4800～前3900年。

安特生 关注

安特生与仰韶文化

仰韶文化彩陶几何纹盆

从鱼到三角形，几何变化之谜

　　鱼纹、蛙纹、鸟纹……远古的人们常常用动物图案来装饰生活，其中鱼的图案最为多种多样，有单条鱼，有排列在一起的几条鱼……但这件彩陶盆采用黑白相间的三角形几何纹，这是为什么？

从鱼纹到三角形

据研究发现，陶盆上的三角形图案，很可能是从鱼纹图案变化而来的。把鱼的头、尾、鳍逐步简化，线条从曲线变为直线，一条鱼就可以用简单的几个三角形和几根线条来表达。将几条相邻的鱼进行颜色的对称排列，就形成了黑白相间的三角形几何纹。

仰韶文化彩陶上的几何纹里，最早出现的是由直线段组成的三角形，后来三角形的边又演变成弧线，多个三角纹相连，并与圆点、直线、弧线搭配，组合成千变万化的复杂图案。所以，先民所设计的陶盆上的图案，其实是将日常生活中见到的事物进行提炼、抽象后变成的更简洁的线条图案。

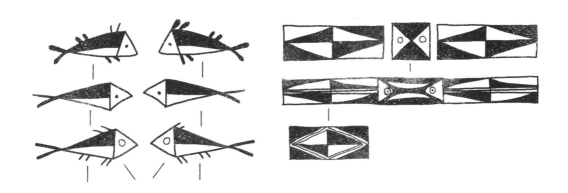

原始先民对"鱼"的偏爱

为什么仰韶文化时期的先民对鱼的图案情有独钟？

一方面可能是因为鱼是他们常吃的食物之一。当时人们的生活还很艰难，耕种的收获并不多，还需要靠打猎、捕鱼和采集野生果实来填饱肚子，所以在使用的器物上描绘鱼的图案，代表着他们对捕鱼丰收的祈求，希望能够有足够的鱼肉。原始时代的人们，科学知识还非常匮乏，他们觉得通过这种幻想、祈求的方法，就能实现自己的目的。

另一方面，远古时代的人们眼里的自然变幻莫测、神秘而无法控制，他们相信"万物有灵"，因此各种生物和非生物都会被当作崇拜的对象。原始社会生存条件恶劣，人们平均寿命不到 30 岁，很多孩子没等活到成年，生命就因为各种原因而不幸终结了，所以人们希望能够从孕育许多后代的鱼、青蛙等动物身上获取神秘的力量，像它们一样将生命繁衍下去。半坡遗址还曾出土过和几何纹盆形状差不多的人面鱼纹陶盆，出土时它盖在一个装有尸骨的陶瓮上，上面画着鱼纹、蛙纹。和死者一同埋葬的陶器在半坡遗址还有很多，这很可能代表着原始人类的一种特定的祭祀方式。

也有人认为，鱼纹代表着半坡类型原始部落氏族的图腾，人们将鱼看作祖先的灵魂或是神明的化身来崇拜，才把它描绘在各种器物上。但这个说法有一定的矛盾之处，因为如果原始人类真把鱼视为图腾的话，应该不会吃鱼，但出土的文物里有许多捕鱼工具和鱼骨。

仰韶文化彩陶几何纹盆

谁先注意到了几何的美

仰韶文化时期的彩陶几何图案不仅有三角形，还有长方形、正方形、平行四边形、圆弧、圆等，并且在此基础上，组合出了植物纹、几何纹、动物纹、人物纹等纹样，在不同时期、不同地区有着不同的风格。

仰韶时期陶器上的一些纹样

伸开腿的青蛙	蛙纹
太阳	太阳纹、圆形纹
花瓣	花瓣纹
鱼	鱼纹

原始社会的人们已经能区分出点、线、面等不同的形状，也能区分出弧线和直线。通过观察自然界里的鱼、青蛙、花瓣、太阳等的形状，再把它们抽象成由直线、曲线组合成的几何图形，随后又衍生出更加丰富、多样的纹样。

这对当时的人类来讲，可以说是一种创新的认知。能够将实际的物品造型变成抽象的符号，是人类认知的一个重要变化，也体现了原始人类审美意识的觉醒。

仰韶时期特色彩陶纹饰

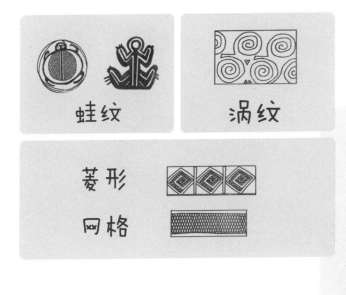

蛙纹

涡纹

菱形

回格

当时的人们也开始意识到，同一类型的图形即使在现实里长得不完全一样，也可以用相似的线条组合来表示。比如，大鱼、小鱼，都可以抽象成代表"鱼"的三角形；太阳、果子，都可以抽象成圆形；不同形状的花瓣，都可以抽象成圆弧组成的图案。

而且，他们还发现了对称图案的美：对称、均衡，是一种美的表现，正像许多动物（包括人）的身体也是对称的一样。当时的人们还不知道，设计对称图形需要遵循什么样的几何原理，但他们通过对自然界和现实事物的观察，在无意之中创造出了令后人惊艳的几何图案。

自然界中的对称之美

几何纹对称之美

建筑的对称之美

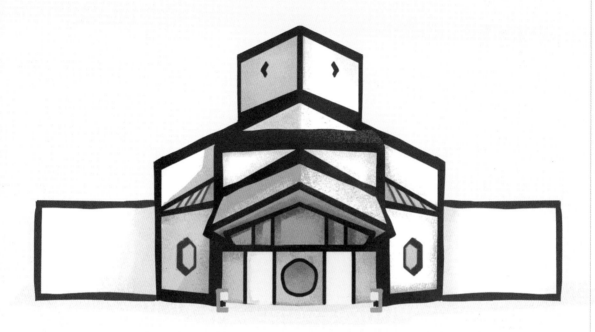

古巴比伦泥板

美国·耶鲁大学皮博迪自然历史博物馆

在 5000 多年前的古巴比伦王国，他们的书就像"饼干"一样。因为，古巴比伦人用削尖的芦苇把字刻在黏土制成的软泥板上，等到烘干变硬后进行阅读并保存。如果建一所图书馆，就有可能变成"饼干书店"了！这其中有的泥板带着浓浓的"数学味道"。

这块泥板大约制作于公元前 1900 至前 1680 年，距离今天有将近 4000 年的历史，被收藏在耶鲁大学的博物馆，编号 YBC7302。它是一个不太规则的圆形，直径大约 6 厘米，和一块饼干的大小差不多。泥板上刻了一个直径大约 2 厘米的圆，还有 3 个楔形文字。

经过破译，最上面的文字代表"3"，中间的文字代表"45"，最右边的文字代表"9"。专家认为，这是世界上最早关于圆的面积和周长的计算结果——如果圆的周长是"3"，那么圆的面积就是"45/60"（因为巴比伦是 60 进位制，此处泥板上将分母省略了）。他们认为从这些记录上看，古巴比伦人可能已经初步得到了圆周率数值的近似值为 3。

古巴比伦泥板

YBC7302 泥板，记录着世界上最早关于圆的面积和周长的计算结果，显示了古巴比伦人对圆周率的认识和应用。

探索圆周率的秘密

什么是圆周率

在解释这个泥板上的数字的真正含义之前，我们先来认识一下什么是圆周率。

人类最早认识的图形之一就是圆形：每天升起、落下的太阳，满月时的月亮，树木的横截面，雨水落在水面时激起的一圈圈涟漪……人类逐渐熟悉了这种形状并应用到生活中，制作出了圆形的陶器、圆形的纺轮等物品，还尝试把圆形的木头垫在重物下面滚动来减少体力的消耗，并最终发明出了圆形的轮子。

后来，人们慢慢发现，从圆的中心（圆心 O）到圆周上任意一点的距离都相等，人们把这个距离叫作"半径"（r），通过圆心且两个端点都在圆周上的线段被叫作"直径"（d）。人们还发现同一个圆的任意一条直径也都相等，直径长度是半径的两倍。

如果围着地球的"腰部"系一条紧挨着地面、绕地球一圈的绳子，这条绳子的长度大约会是 40000000 米。那么，把这条绳子的长度增加 1 米，和地面之间多出的空隙能不能钻过一只小老鼠呢？

你可能会觉得，和 40000000 米比起来，增加的 1 米也太少了，应该不会有什么空隙吧！但其实，不管这个圆本来的周长是多少，只要周长增加 1 米，相应的半径就会增加 $\frac{1}{2\pi}$ 米约0.16米，对小老鼠来说并不难钻过去。

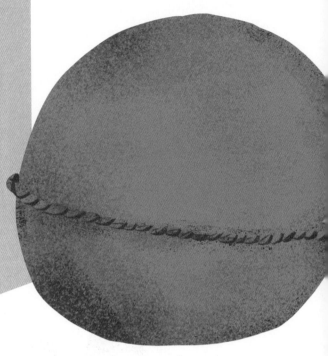

人们还发现，无论是巨大的广场，还是玩具车的小轮子，只要是圆形，它的周长和直径的比值永远是一样的，是一个固定的数值。大家把这个固定的数值叫作"圆周率"，在数学里被写成"π"，读音"pài"。

经过几千年的求解，π 的近似值可以写成 3.14159……，后面还有许许多多位没有排列规律的数（这种数叫作"无限不循环小数"）。我们平时的计算常用 3.14 作为它的近似值。

泥板上的数字和圆有什么关系

在几何运算里，最常见到的就是关于圆的计算公式，它们都离不开 π。我们已经知道，$\pi = \dfrac{周长}{直径}$，如果用 r 表示圆的半径，C 表示圆的周长，S 表示圆的面积，则 $\pi = \dfrac{C}{2r}$，圆的周长公式就可以写为 $C = 2\pi r$，圆的面积公式可以写为 $S = \pi r^2$。

肯定能钻过去！

把圆平均分成若干份并重新排列，就能拼出来一个近似的长方形，长方形的宽等于圆的半径 r，长方形的长则近似等于圆周长 C 的一半。

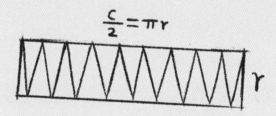

$$\frac{C}{2} = \pi r$$

因为：长方形面积 ＝ 长 × 宽

所以：圆的面积 ＝ πr × r

$\qquad\qquad\qquad = \pi r^2$

专家认为在这块泥板制作的时代，古巴比伦人似乎已经知道了圆周率的大概数值。这个数值到底是多少呢？我们不妨一起来推算一下。

根据破译结果，已知 YBC7302 泥板上的圆周长等于 3；代入圆的周长公式，可得到 $3=2\pi r$，则圆的半径 $r=\dfrac{3}{2\pi}$；代入圆的面积公式，可得到 $S=\pi\left(\dfrac{3}{2\pi}\right)^2=\dfrac{9}{4\pi}$。

但是，专家不是说圆的面积在古巴比伦的泥板上被标识为 45 吗？如果 $\dfrac{9}{4\pi}=45$，那 π 不就等于 $\dfrac{1}{20}$ 了！

别急，古巴比伦的数学用的是六十进制，换算成我们现在使用的十进制，泥板上的 45 应该写成 $\dfrac{45}{60}$，则 $\dfrac{45}{60}=\dfrac{9}{4\pi}$，最后计算出 $\pi=3$，这个数值和我们熟知的"3.14"已经非常接近了。

▲ 泥板上的45，换算成我们现在使用的十进制，是 $\dfrac{45}{60}$。

秦汉以前的人们如何计算出圆周率的值

在相当长的一段时间内，人们都认为圆周率 π 的值是3。我国古人把它概括为"径一周三"，意思是如果直径是1，周长就是3。

这个值其实是"量"出来的。古人用绳子围着圆周计算出周长，或者通过把圆形的物体在地面上滚动一圈计算出周长，再用工具量出直径的长度，计算出圆周率，但这样得到的结果不太准确。

后来人们发现，正多边形的边数越多就越接近圆形，通过计算多边形的周长来估算出和它形状接近的圆的周长的近似值，就能计算出 π 的近似值。

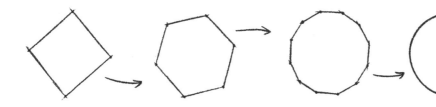

阿基米德这样计算

古希腊著名科学家阿基米德就在他的著作《圆的测量》里，采用了类似的方法计算圆周率。

他巧妙地在圆的外面和里面各"套"了一个正多边形，让它们和圆的形状越来越接近，用"内外夹攻"的办法找到圆的周长的近似值。阿基米德从直径为1的圆的外切和内接正六边形做起，一直做到外切和内接正九十六边形，然后通过计算它们的周长，得到圆周率的近似值：$3\frac{10}{71} < \pi < 3\frac{1}{7}$。

外切正多边形、内接正多边形

和圆外部相连、每条边和圆只有一个连接点的正多边形叫外切正多边形[①]。而在圆的内部、各个顶点都在圆上的正多边形叫内接正多边形[②]。

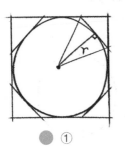

①

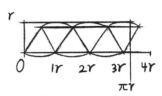

②

相传，罗马军队入侵叙拉古时，阿基米德还在专注地研究几何问题，他头也不抬地对闯进来的士兵说："别踩坏了我的圆！"士兵被激怒，当场杀害了他。

刘徽这样计算

三国时期的数学家刘徽计算圆周率的办法叫作"割圆术"。他把一个圆逐步分割成很多大小相同的小扇形，割得越细，小扇形拼出的长方形和圆的面积越接近。刘徽从内接正六边形的面积开始，逐步计算出内接正一百九十二边形的面积，得到圆周率 π 的值在 3.141024 和 3.142704 之间，近似值为 3.14。后来，他发现 3.14 这个数值还是偏小，于是继续割圆，得到令自己满意的圆周率 3.1416。

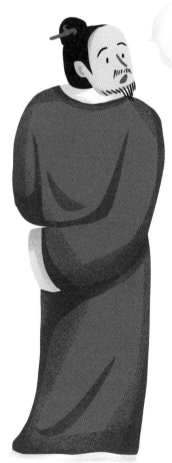

我用"割圆术"算出了圆周率。

人们为了纪念刘徽，将他计算出的圆周率的数值称为"徽率"。刘徽的工作量比阿基米德的要小得多，因为他只需要计算内接多边形，得到的近似值也更精确。

祖冲之进一步计算

南北朝时期的数学家祖冲之进一步计算出了 π 的更精确的值。通常认为，他是在刘徽"割圆术"的基础上得到更精确的结果的。祖冲之计算出 π 的值在 3.1415926 和 3.1415927 之间，并且给出了 2 个近似值：

比较精确的"密率"：$\dfrac{355}{113}$；

比较粗略的"约率"：$\dfrac{22}{7}$。

在之后的 1000 多年的时间里，祖冲之计算出的圆周率的值的精确度都领先世界。

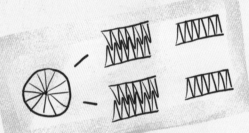

为了纪念数学家祖冲之做出的贡献，月球上有一座环形山被命名为"祖冲之环形山"。

随着科学的发展，人们又研究出了更多计算 π 值的方法。到了电子计算机时代，π 值已经推算到小数点后数十万亿位了，这些数没有什么排列规律，全写出来将会非常壮观。当然，我们平时的计算并不需要这么多位，一般取 π 的近似值 3.14 计算即可。

　　从这些记录上看，古巴比伦是较早开始研究并得出圆周率近似值的文明之一。

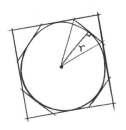

圆周率日

　　每年的 3 月 14 日被数学爱好者定为庆祝圆周率 π 的日子。由于 π 的读音与英文单词"pie"（馅儿饼）相近，所以这一天可以吃个馅儿饼来庆祝。还有数学家提出，因为 6.28 是 3.14 的 2 倍，所以 6 月 28 日应该定为"2π日"，可以吃两个馅儿饼，但响应的人并不多，大概是因为吃不下。

多面体煤精组印

独孤信

西安·陕西历史博物馆

高 4.5 厘米
宽 4.35 厘米

1981 年，宋清还是陕西省旬阳县的一名初中生，这天放学路上，他捡到了一块奇特的"黑石头"。它比同样大小的石头要轻，形状有点儿像圆球，却又有很多棱角，上面还刻着许多宋清不认识的字。

"这是什么？"宋清把"石头"送到了旬阳县博物馆，但工作人员也说不清楚。直到十几年后，"石头"被移到陕西历史博物馆，人们才知道它是一枚用"煤精"刻制成的印章。煤精抛光后比普通的煤更有光泽，又比宝石要轻巧。

这枚印章是一个形状非常独特的多面体，一共有 26 个面，其中 8 个面是三角形，余下的面是正方形。14 个正方形面上刻着一些工整的楷书汉字，共 47 个字，其中"信"出现了 7 次。原来印章的主人是历史上赫赫有名的独孤信，"信"是他的个人代称。

独孤信　独孤信是北周明帝和隋朝开国皇帝的岳父，也是唐高祖的外祖父。他同时担任了十几个官职，经常要在不同的公文上盖不同的章，为了方便起见，他就把各种不同的印文汇总刻到了一枚章上。这样就不用带着十几个印章到处走啦！

48条棱
26个面
边长2厘米

重7.57克

独孤信多面体煤精组印

我国目前考古发现的印面最多、正文字数最多的印章，将楷书入印的历史提前了400多年。

公文用印

上报皇帝用印

给同事、下属、子女的书信用印

这道高考数学几何题，你会做吗

2019 年高考，数学试卷上突然出现一枚印章，让考生们疑惑：

这究竟是历史考试，还是数学考试？

在考题中，它摇身一变，多了一个神气的名字——"半正多面体"，不仅展示了自身的对称美，也考查考生对几何知识的掌握情况——能不能迅速地数出它有多少个面。当然，如果已经在博物馆里认识了它，这道题就等于"送分"了。

认识多面体

独孤信的这枚煤精组印能够汇总不同的印文，秘诀就在于它有多个面，这种形状就叫作多面体。

在数学里，多面体指的是由 4 个或 4 个以上多边形所围成的立体图形。多面体由几个多边形组成，就叫几面体。

在多面体里，有一种多面体的每个面长得都一模一样，即把所有的面"摞"在一起都恰好能完全重合，而且每个面的各条边、各个角都相等，这种叫正多面体。

独孤信煤精组印的印面既有正方形又有三角形，做不到所有的面都完全重合，所以高考题里介绍它的时候称之为半正多面体。

在我们的生活里有许许多多的多面体造型的物品，比如一本书、一部手机、一辆公交车、一座房子……

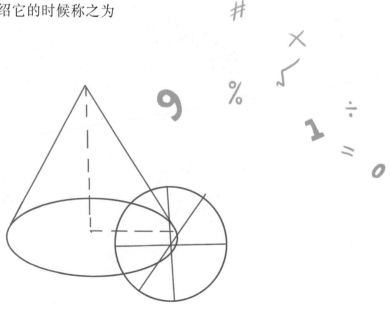

猜猜看，现在人们发现了多少种正多面体？

  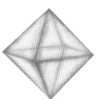 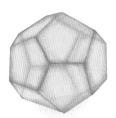 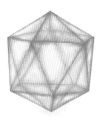

▲ 目前发现的多面体里，有5种正多面体：正四面
体、正六面体、正八面体、正十二面体和正二十
面体。

用3个多边形能不能围成一个多面体呢？感兴趣的话，可以用3张三角形纸片来拼一拼，你会发现无论怎样都有一个面"空"着，必须再放上一张三角形纸片才可以。

多面体的奇妙性质

围成多面体的各个多边形叫作多面体的面，两个面的公共边叫作多面体的棱，棱和棱的公共点叫作多面体的顶点。

数学家们通过复杂的数学推导，发现多面体的"面数 + 顶点数 – 棱数"永远等于 2。

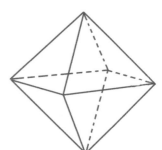

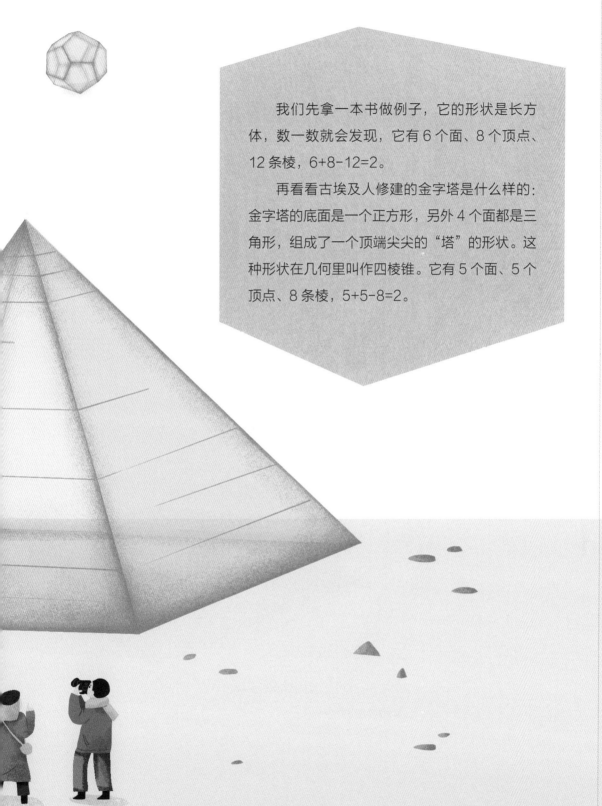

我们先拿一本书做例子，它的形状是长方体，数一数就会发现，它有 6 个面、8 个顶点、12 条棱，6+8-12=2。

再看看古埃及人修建的金字塔是什么样的：金字塔的底面是一个正方形，另外 4 个面都是三角形，组成了一个顶端尖尖的"塔"的形状。这种形状在几何里叫作四棱锥。它有 5 个面、5 个顶点、8 条棱，5+5-8=2。

独孤信多面体煤精组印是不是也符合这个规律呢？我们耐心数一下，它有26个面、24个顶点、48条棱，通过计算可以知道，26+24-48=2。

掌握了这个规律，就可以在知道多面体的面、顶点、棱的任意两类数量的时候，比较容易地算出剩下一类的数量。

但是，这个规律只适用于"简单多面体"，简单多面体中最常见的就是"凸多面体"。我们刚才拿来举例的书本、金字塔，还有煤精组印，它们都是凸多面体。"凸"的意思就是把它的任何一个面向外无限伸展成平面，其他的所有面都在这个平面的同一侧，你可以拿着书本想象一下。

如果在书本上挖一个"方洞"，虽然也是多面体，但就不是简单多面体了，把它的任意一面"洞壁"伸展成平面，这个多面体的其他面并不会全部位于这个平面的同一侧。

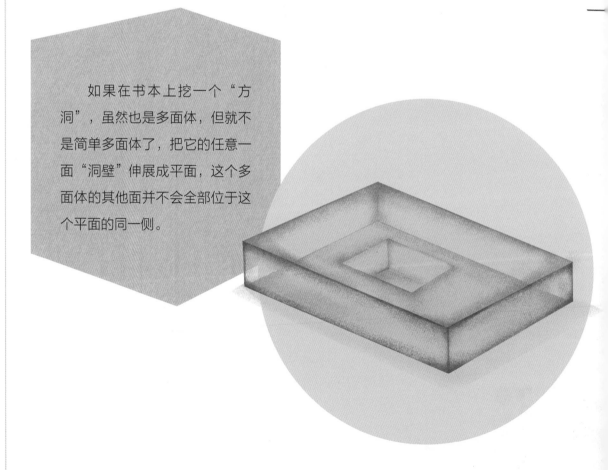

"奇奇怪怪"的多面体

    1500 多年前，独孤信手下的工匠已经懂得设计如此复杂精巧的多面体印信，其实一点儿也不稀奇。古代人知道的多面体，那可是相当丰富。《九章算术》里就记载着各种不同形状的多面体，它们都有着奇奇怪怪的名字：鳖臑、阳马、堑堵……

独孤信多面体煤精组印

鳖臑

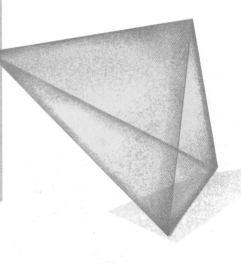

biē nào

这个"别闹"到底是闹哪样?"臑"的意思是动物的前肢,古人觉得这种多面体有点儿像乌龟的腿。它是一个四面体,每个面都是直角三角形。

堑堵

qiàn dǔ

它的名字出自填塞壕沟的土方。把一个长方体沿着侧面的对角线切成两半,就得到2个堑堵,相对2个面是直角三角形,其余3个面是长方形。

阳 马

　　这个名字来自木工的术语。在古代木制建筑构件里，承接屋檐的构件基本造型就是"阳马"的样子，它像马一样能负担重量，又能托举向阳的屋檐，所以有了这个名字。

　　它一共有5个面，底面是一个长方形，另外 4 个面都是三角形，其中 2 个相邻的面是直角三角形。

独孤信多面体煤精组印

鳖臑、阳马、堑堵是古代人看来最基本的几种多面体，它们可以像搭积木一样，"拼装"成更复杂的多面体。所以，古人在计算复杂的多面体的体积的时候，采用的办法都是把它们尽量"切割"成这几种基本的多面体，再利用总体积不变的原理，把各部分的体积加起来得到结果，这就是古人所使用的"出入相补原理"。

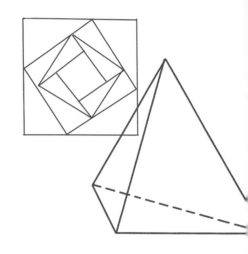

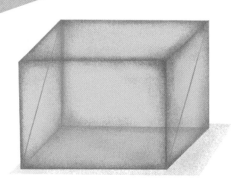

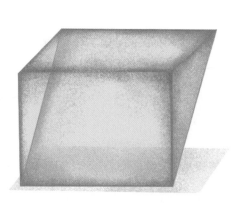

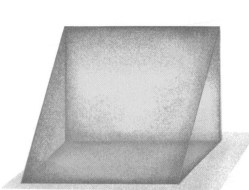

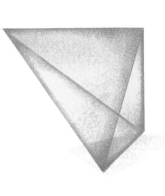

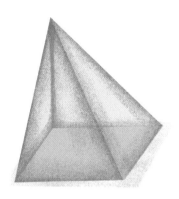

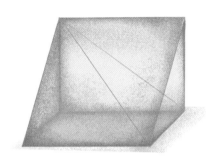

鳖臑 阳马 堑堵

▲ 鳖臑、阳马、堑堵之间还有特殊的关系：把2个长得一样的鳖臑拼在一起，就能变成1个阳马；阳马再拼上1个对应的鳖臑，就变成1个堑堵。

古人为什么要研究长得很奇怪的各种多面体呢？

因为在具体的生产生活中，这些多面体的面积、体积、棱长计算都能起到很重要的作用。比如，可以运用对不同多面体的了解设计建筑物不同形状的木构件；还可以通过多面体计算公式，在修建城墙、河道时计算土石体积，或是根据粮食堆的体积快速计算重量。古人都是本着从实际出发来解决问题的目的进行研究的。在将近 2000 年前就能研究与多面体相关的几何问题，设计出一个煤精组印应该也是不在话下的。

东晋鹦鹉螺杯

南京·南京博物院

长 13.3 厘米
宽 9.9 厘米
高 10.2 厘米

鎏金铜边

　　"鸬鹚杓，鹦鹉杯，百年三万六千日，一日须倾三百杯。"李白在诗里提到的"鹦鹉杯"，据传是一种让宾客"喝不空酒"的神奇酒具。这种"鹦鹉杯"还曾经出现在古人对神仙酒宴的想象中："碧金鹦鹉杯，白玉鸬鹚杓，杯干则杓自挹，欲饮则杯自举。"

1965 年，南京象山出土了一个奇怪的卷曲的"蚌壳"，它表面镶着铜边，左右有铜制双耳伸出，十分精美。正符合古籍中关于鹦鹉杯的记载。

专家用 X 光探查其内部结构，发现壳内分布着网格，网格之间有一个贯通小孔连接。如果用它当杯子，将酒倒进去，酒液便会顺着小孔渗透到鹦鹉杯的内部网格，用它倒酒时，很难一下子把里面的酒倒出来，恰好给人一种"杯子里的酒永远喝不空"的感觉！

鹦鹉杯的制作原材料是一种叫作鹦鹉螺的贝类，所以也被称作"鹦鹉螺杯"。

鹦鹉螺主要生活在印度洋和太平洋 150 ～ 300 米的深海之中，在我国南海也有分布，但数量稀少，在航海技术不发达的古代很难捕捞到，能够用来做酒杯的完整螺壳更是少之又少。

静置在桌面上的鹦鹉螺杯形似一只低头梳理羽毛的弯嘴鹦鹉，"枯螺托质为鹦鹉，去作南山万寿杯"。

东晋鹦鹉螺杯

出自东晋世家王家墓地，由鹦鹉螺壳制成的一种珍贵酒杯。鹦鹉螺壳特殊的结构让它有一种"喝不空酒"的感觉，十分受古代贵族宴会欢迎。

▲ 就算是炙手可热的王家，也会把鹦鹉螺杯视为珍贵物品。

"喝不空"的酒杯带来的几何之美

"酒是离支好，杯惟鹦鹉深。"鹦鹉螺杯真是"深不可测"！这一点杜甫深有体会，"坐间恨不能言语，说我平生酒量深"，太遗憾了，它不会说话，不能赞扬"我"的酒量有多好！骆宾王也在文中写"鹦鹉杯中休劝酒"，一只鹦鹉杯中的酒总是喝不空，正契合了文中那深切绵长的思念之情。

"喝不空酒"的秘密

"喝不空酒"的酒杯，这不仅和鹦鹉螺壳体积较大有关，也和它的特殊结构有关。

和我们平时常见的形状像个小锥子的海螺不一样，鹦鹉螺的外壳是一个很像蜗牛壳的对称"圆盘"，直径最大可达26厘米，表面是白色的，多带有细密的红褐色条纹。

如果将螺壳纵向剖开，我们会发现，沿着壳体螺旋的方向有着天然生成的一格一格的结构。这些"小格"结构是由壳体的螺旋线分割而出的，从小到大，像是一座螺旋楼梯，我们把它叫作壳室。

壳室

如果把螺壳制成酒杯，用它来盛酒时，酒水会自然地分散到螺壳的每个壳室中，整个酒杯至少能够容纳两升酒，大约有4斤。当用它来喝酒的时候，这些网格形成的空气阻力又会阻止杯子里的液体流出，所以酒流出来的速度很慢。每当觉得要喝完的时候，又会有酒从空腔中流出，让人感觉其中的酒似乎永远都喝不完。

目前发现的鹦鹉螺壳最多的有38个壳室，如果把它制成酒杯用来喝酒，估计需要很久才能喝完。

鹦鹉螺的身体内有一根虹吸管，穿过壳室的小孔，连接壳室。可不要小看这根不起眼的管子，通过局部渗透作用，鹦鹉螺可以用它吸入和排出海水，既可以帮助自己进食和呼吸，也可以借此在水中灵活移动位置。

当排出气室中的海水、充进空气时，鹦鹉螺就能够随着浮力的变化而向上浮起；当气室中充入海水、排出空气时，鹦鹉螺就可以下沉。这一原理后来被应用到潜水艇结构之中，成为了人类探索深海的重要工具。

▲ 科幻小说《海底两万里》里的潜水艇就叫"鹦鹉螺号"。

藏在螺壳上的黄金分割

鹦鹉螺不仅给潜水艇的制造提供了灵感，在它的螺壳曲线中还蕴含着数学中的一个特别的原理——黄金分割。

如果仔细观察会发现，鹦鹉螺外壳的螺旋线似乎有着特别的规律，将外壳的螺线分成多个小部分的话，每一部分都可以看成整体缩小后的形状，像是一种特殊的"套娃"。

鹦鹉螺的壳室会随着其年龄的增加不断增加。为了长出新的壳室，螺壳每年都需要分泌石灰质，而内外层分泌的量总是固定的，也就是说，它不断地在践行着"等比例放大"的生长规律。

像鹦鹉螺壳图形这种曲线，以各种倍数缩小后得到的图形仍然和原图相同，在数学上被称为"等角螺线"，是什么意思呢？通过将鹦鹉螺外壳螺旋线的图形抽象化可以发现，如果我们在这条曲线所围绕旋转的中心画一条直线，曲线每旋转一个相同的角度，它与通过旋转中心的直线形成的夹角总是一样大的。按照这种规律，它可以无限延伸下去。

当我们测量鹦鹉螺外壳的螺旋线时，还会发现一个有趣的现象。它的螺旋曲线可以看成由很多个直径不同的圆弧连接起来得到的，螺壳长得越大，形成螺线的圆弧就越大，但是相邻的小圆弧和大圆弧直径的比值始终约等于 0.618。

可别小看这个不起眼的 0.618，它在古希腊数学中有一个特殊的名字——黄金分割数。

公元前 500 年左右，古希腊数学家毕达哥拉斯提出了"黄金分割"的定义。它的意思并不是研究怎么切割黄金，而是几何学中特有的一种划分线段的方式。后来，古希腊数学家欧几里德将"黄金分割"写入著作《几何原本》，在书中对黄金分割做出了明确的定义。

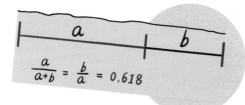

$$\frac{a}{a+b} = \frac{b}{a} = 0.618$$

黄金分割

把一条长为 1 的直线段分为两部分，如果较大部分（a）与整体部分（$a+b$）的比值等于较小部分（b）与较大部分（a）的比值，就说明这个分割点落在了"黄金比例"上，对线段实现了"黄金分割"。黄金比例的值是一个永远除不尽的、没有规律的数，约等于 0.618。

进一步，我们还可以在长方形里展示黄金分割。如果我们画一个长为 $a+b$，宽为 a 的长方形，在上面剪掉一个边长为 a 的正方形，剩下的长方形长宽之比和原来的长方形依然相等。如果这样不断地剪下去，剩余部分都是同样的比例。

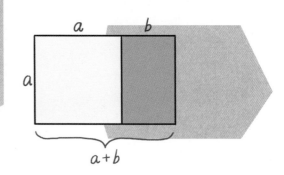

许多生物的生长结构里都可以找到符合黄金比例的地方，比如向日葵表面种子的排列，松果鳞片的排列，藤蔓上叶子生长的规律，甚至老鹰捕猎时飞翔的曲线也是一条符合黄金比例的等角螺线……

神秘的大自然，不经意间就展现出了数学的魅力，令人感到格外惊奇。

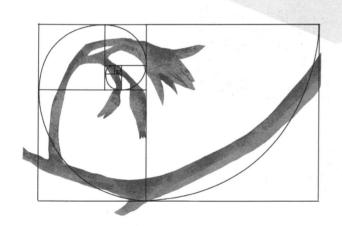

0.618 的美学妙用

提出"黄金分割"的毕达哥拉斯认为"美是数的和谐"，参考黄金分割比例设计的建筑、艺术品看起来最和谐，也是最符合人类认知、审美的。许多在我们心目中堪称完美的艺术设计，都与这个比例密切相关。

世界名画《蒙娜丽莎》中，画中人物的五官比例、头身比例也符合黄金分割，这让她的微笑具有令人愉悦的美感。与《蒙娜丽莎》同为卢浮宫镇馆之宝的"断臂的维纳斯"雕塑（高度为 2.04 米），她的肚脐刚好是黄金分割点，肚脐以上部分和肚脐以下部分之比接近于 0.618。

在建筑中，人们也大量地使用黄金分割，以追求视觉美感。

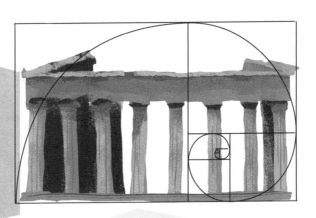

古希腊人修建的帕特农神庙，它的长宽比例就符合黄金分割，给人以和谐的美感。

法国的标志性建筑埃菲尔铁塔，总高度300米（另有天线30米），3个观景台分别位于57.6米、115.7米和276.1米，其中第二层观景台的高度大约就在整个塔的黄金分割点上：即塔的下半部分与上半部分（至观景台）的高度比约为0.618。

甚至在音乐里，也能发现黄金分割！我们熟悉的音阶也是按照黄金分割的比例划分的，所以听起来才格外顺耳。跑调的人唱歌难听，正是因为他们把握不好音准，导致唱出的音阶不符合真正的声调比例。

你最喜欢这本书中的哪件文物？为什么？

可以试着给自己刻一枚印章吗?

你平常会观察周围的事物吗? 你还发现了哪些符合黄金分割比例的事物?

你最近一次去博物馆是什么时候？请用 100 字简单描述当天的经历。

"铜镀金盘式手摇计算机"是否带给了你一些启发？

你还知道哪些和数学知识紧密相关的文物？

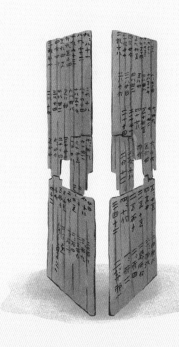

图书在版编目（CIP）数据

国宝里的数学课 / 安迪斯晨风，瑶华著. -- 济南：
山东电子音像出版社，2024. 12
（开课了! 博物馆）
ISBN 978-7-83012-387-1

Ⅰ. ①国… Ⅱ. ①安… ②瑶… Ⅲ. ①数学－少儿读
物 Ⅳ. ① 01-49

中国国家版本馆 CIP 数据核字 (2023) 第 046894 号

出 版 人: 刁　戈
责任编辑: 姜雅妮　蒋欢欢
出版统筹: 吴兴元
编辑统筹: 冉华蓉
特约编辑: 朱晓婷
营销推广: ONEBOOK
装帧制造: 墨白空间·闫献龙

KAIKE LE BOWUGUAN GUOBAO LI DE SHUXUEKE

开课了! 博物馆：国宝里的数学课

安迪斯晨风　瑶华　著

主管单位: 山东出版传媒股份有限公司
出版发行: 山东电子音像出版社
地　　址: 济南市英雄山路 189 号
印　　刷: 雅迪云印（天津）科技有限公司
开　　本: 889mm × 980mm　1/16
印　　张: 8
字　　数: 100 千字
版　　次: 2024 年 12 月第 1 版
印　　次: 2024 年 12 月第 1 次印刷
书　　号: ISBN 978-7-83012-387-1
定　　价: 46.00 元